Sitzungsberichte
der Heidelberger Akademie der Wissenschaften
Mathematisch-naturwissenschaftliche Klasse

Die Jahrgänge bis 1921 einschließlich erschienen im Verlag von Carl Winter, Universitätsbuchhandlung in Heidelberg, die Jahrgänge 1922—1933 im Verlag Walter de Gruyter & Co. in Berlin, die Jahrgänge 1934—1944 bei der Weißschen Universitätsbuchhandlung in Heidelberg. 1945, 1946 und 1947 sind keine Sitzungsberichte erschienen. Ab Jahrgang 1948 erscheinen die „Sitzungsberichte" im Springer-Verlag.

Inhalt des Jahrgangs 1951:
1. A. MITTASCH. Wilhelm Ostwalds Auslösungslehre. DM 11.20.
2. F. G. HOUTERMANS. Über ein neues Verfahren zur Durchführung chemischer Altersbestimmungen nach der Blei-Methode. DM 1.80.
3. W. RAUH und H. REZNIK. Histogenetische Untersuchungen an Blüten- und Infloreszenzachsen sowie der Blütenachsen einiger Rosoideen, I. Teil. DM 10.—.
4. G. BUCHLOH. Symmetrie und Verzweigung der Lebermoose. Ein Beitrag zur Kenntnis ihrer Wuchsformen. DM 10.—.
5. L. KOESTER und H. MAIER-LEIBNITZ. Genaue Zählung von β-Strahlen mit Proportionalzählrohren. DM 2.25.
6. L. HEFFTER. Zur Begründung der Funktionentheorie. DM 2.30.
7. W. BOTHE. Die Streuung von Elektronen in schrägen Folien. DM 2.40.

Inhalt des Jahrgangs 1952:
1. W. RAUH. Vegetationsstudien im Hohen Atlas und dessen Vorland. DM 17.80.
2. E. RODENWALDT. Pest in Venedig 1575—1577. Ein Beitrag zur Frage der Infektkette bei den Pestepidemien West-Europas. DM 28.—.
3. E. NICKEL. Die petrogenetische Stellung der Tromm zwischen Bergsträßer und Böllsteiner Odenwald. DM 20.40.

Inhalt des Jahrgangs 1953/55:
1. Y. REENPÄÄ. Über die Struktur der Sinnesmannigfaltigkeit und der Reizbegriffe. DM 3.50.
2. A. SEYBOLD. Untersuchungen über den Farbwechsel von Blumenblättern, Früchten und Samenschalen. DM 13.90.
3. K. FREUDENBERG und G. SCHUHMACHER. Die Ultraviolett-Absorptionsspektren von künstlichem und natürlichem Lignin sowie von Modellverbindungen. DM 7.20.
4. W. ROELCKE. Über die Wellengleichung bei Grenzkreisgruppen erster Art. DM 24.30.

Inhalt des Jahrgangs 1956/57:
1. E. RODENWALDT. Die Gesundheitsgesetzgebung der Magistrato della sanità Venedigs 1486—1550. DM 13.—.
2. H. REZNIK. Untersuchungen über die physiologische Bedeutung der chymochromen Farbstoffe. DM 16.80.
3. G. HIERONYMI. Über den altersbedingten Formwandel elastischer und muskulärer Arterien. DM 23.—.
4. Symposium über Probleme der Spektralphotometrie. Herausgegeben von H. KIENLE. DM 14.60.

Inhalt des Jahrgangs 1958:
1. W. RAUH. Beitrag zur Kenntnis der peruanischen Kakteenvegetation. DM 113.40.
2. W. KUHN. Erzeugung mechanischer aus chemischer Energie durch homogene sowie durch quergestreifte synthetische Fäden. DM 2.90.

Sitzungsberichte der Heidelberger Akademie der Wissenschaften
Mathematisch-naturwissenschaftliche Klasse
Jahrgang 1971, 5. Abhandlung

H. Koppe und H. Jensen

*Das Prinzip von d'Alembert
in der Klassischen Mechanik
und in der Quantentheorie*

(Vorgelegt in der Sitzung vom 9. Januar 1971)

Springer-Verlag Berlin Heidelberg New York 1971

ISBN-13: 978-3-540-05455-9 e-ISBN-13: 978-3-642-99995-6
DOI: 10.1007/978-3-642-99995-6

Das Werk ist urheberrechtlich geschützt. Die dadurch begründeten Rechte, insbesondere die der Übersetzung, des Nachdruckes, der Entnahme von Abbildungen, der Funksendung, der Wiedergabe auf photomechanischem oder ähnlichem Wege und der Speicherung in Datenverarbeitungsanlagen bleiben, auch bei nur auszugsweiser Verwertung, vorbehalten.

Bei Vervielfältigung für gewerbliche Zwecke ist gemäß § 54 UrhG eine Vergütung an den Verlag zu zahlen, deren Höhe mit dem Verlag zu vereinbaren ist.

© by Springer-Verlag Berlin · Heidelberg 1971. — Die Wiedergabe von Gebrauchsnamen, Warenbezeichnungen usw. in diesem Werk berechtigt auch ohne besondere Kennzeichnung nicht zu der Annahme, daß solche Namen im Sinne der Warenzeichen- und Markenschutz-Gesetzgebung als frei zu betrachten wären und daher von jedermann benutzt werden dürften.

Universitätsdruckerei H. Stürtz AG, Würzburg

Das Prinzip von d'Alembert in der Klassischen Mechanik und in der Quantentheorie

H. KOPPE (Kiel) und H. JENSEN (Heidelberg)

Vorbemerkung

Mechanische Systeme sind Systeme von Massenpunkten, die „äußeren Kräften" unterworfen sein können, für die aber zugleich „Führungsbedingungen" vorliegen, die die unabhängige Bewegbarkeit aller Massenpunkte einschränken. Der Bewegungsablauf eines solchen Systems ist durch d'Alemberts Prinzip bestimmt. Seit der Formulierung dieses Prinzips durch Lagrange in seiner Mécanique Analytique ist immer wieder die Frage erörtert worden, ob dieses Prinzip schon implizite in der Newtonschen Mechanik enthalten sei, oder ob es ein neues Naturgesetz darstelle (vgl. Mach, E.: Die Mechanik in ihrer Entwicklung, 7. Auflage, Leipzig 1912).

In seinen Vorlesungen zur Mechanik (Leipzig, 1943) schreibt Sommerfeld, S. 49 Mitte, pragmatisch „Es liegt uns fern, dies Postulat allgemein beweisen zu wollen. Wir sehen es vielmehr geradezu als Definition des Begriffes ‚mechanisches System' an". Dabei läßt er offen, ob die in der technischen Mechanik behandelten Systeme notwendig dieser Definition genügen müssen.

Bemerkenswert ist ein Passus in Jacobis „Vorlesungen über Dynamik" (Berlin, 1866). Dort wird zunächst der Lagrange-Formalismus für ein System frei beweglicher Massenpunkte hergeleitet und dann auf Systeme mit Führungsbedingungen erweitert. Jacobi schließt dann (S. 15): „Die im Obigen enthaltene Ausdehnung unserer symbolischen Gleichung auf ein durch Bedingungen beschränktes System ist, wie sich von selbst versteht, nicht bewiesen, sondern nur als Behauptung historisch ausgesprochen. Dies ausdrücklich zu sagen, scheint nötig zu sein, denn obgleich Laplace diese Ausdehnung in der Méc. céleste ebensowenig bewiesen hat, als es hier geschehen ist, sondern sie auch nur historisch behauptet, so hat man dies dennoch für einen Beweis gehalten, und Poinsot hat gegen diese Meinung eine eigene Abhandlung (Liouvilles Journal, vol. 3, p. 244) geschrieben.... Diese Ausdehnung zu beweisen, ist keineswegs unsere Absicht, wir wollen sie vielmehr als ein Prinzip ansehen, welches zu beweisen nicht nötig ist. Dies ist die Ansicht vieler Mathematiker, namentlich von Gauß."

Die Argumente dafür, daß d'Alemberts Prinzip in der Newtonschen Mechanik implicite enthalten sei, gehen von der Annahme aus, daß die „Führungsbedingungen" durch „innere Wechselwirkungen des Systems" zustande kommen, die singulär werdende Kräfte auftreten lassen, sobald einer der Massenpunkte sich von den durch die Führungsbedingungen vorgeschriebenen Lagen entfernt; diese „inneren Kräfte" müßten dann aber konservative Kräfte sein, so daß sie (für skleronome holonome Systeme) bei Bewegungen, die mit den Führungsbedingungen in Einklang sind, keine Arbeit leisten können; die Erweiterung auf rheonome Systeme sei dann zwangsläufig.

Wir wollen im folgenden an einem sehr einfachen Beispiel zeigen, daß solche Argumentation nicht stichhaltig ist, sondern daß die eigentliche Wurzel für die universelle Gültigkeit des Prinzips von d'Alembert für die technische Mechanik nicht in der Newtonschen Mechanik konservativer Systeme, (die invariant gegen Spiegelung der Zeitrichtung ist), sondern in irreversiblen Dämpfungsprozessen zu suchen ist.

I. Klassische Mechanik

Der Einfachheit halber betrachten wir eine ebene Welt, mit Cartesischen Koordinaten x_1, x_2, in der ein Massenpunkt (Masse $=1$) Kräften unterworfen ist, die ein zeitunabhängiges Potential $U(x_1, x_2)$ haben mögen[1]. $U(x_1, x_2)$ sei hinreichend oft differenzierbar und mit seinen Ableitungen überall beschränkt ($=$ nicht unendlich). Ferner soll ein singulär werdendes „Führungspotential" $F(x_1, x_2)$ existieren, das den Massenpunkt auf der Geraden $x_2 = 0$ „führt". Für $F(x_1, x_2)$ wählen wir die Form:

$$F(x_1, x_2) = \frac{1}{2} \frac{\omega^2(x_1)}{\Lambda^2} x_2^2, \quad \text{mit} \quad \lim \Lambda \Rightarrow 0, \tag{1}$$

---

[1] Dies ist keine wesentliche Voraussetzung, auch bei äußeren Kräften, die kein Potential haben, folgt das gleiche Ergebnis.

d'Alemberts Prinzip in klass. und Quantenmechanik

$\omega(x_1)$ sei wieder differenzierbar und mit seinen Ableitungen beschränkt. Es gelten dann die Bewegungsgleichungen:

$$\ddot{x}_1 = -\frac{\partial U(x_1, x_2)}{\partial x_1} - \frac{\omega(x_1)\frac{d\omega(x_1)}{dx_1}}{\Lambda^2} x_2^2, \qquad (2\text{a})$$

$$\ddot{x}_2 = -\frac{\omega^2(x_1)}{\Lambda^2} x_2 - \frac{\partial U(x_1, x_2)}{\partial x_2}. \qquad (2\text{b})$$

Aus ihnen folgt der Energiesatz:

$$E = \frac{\dot{x}_1^2}{2} + \frac{\dot{x}_2^2}{2} + U(x_1, x_2) + F(x_1, x_2) = \text{const.} \qquad (3)$$

Es ist zweckmäßig, E aufzuteilen in:

$$E = \frac{\dot{x}_1^2}{2} + U(x_1, 0) + G(x_1 x_2), \qquad (4)$$

wobei wir in

$$G = \frac{\dot{x}_2^2}{2} + F(x_1, x_2) + \Phi(x_1, x_2) \qquad (4\text{a})$$

zur Abkürzung $U(x_1, x_2) - U(x_1, 0) = \Phi(x_1, x_2)$ gesetzt haben; offenbar gilt:

$$\Phi(x_1, 0) = 0, \quad \text{und} \quad \frac{\partial \Phi}{\partial x_2} = \frac{\partial U}{\partial x_2}.$$

In der Grenze $\Lambda \Rightarrow 0$ dominiert in (2b) das erste Glied der rechten Seite über das zweite Glied, es ergibt sich dann für x_2 eine mit abnehmenden Λ immer rascher werdende Oszillation um eine mit x_1 langsam veränderliche „Ruhelage" die selber mit Λ gegen Null geht. Aus Gl. (2a) kann man deshalb durch Mittelung von $(x_2/\Lambda)^2$ über eine „Periode" von x_2, eine Gleichung für x_1 allein erhalten:

$$\ddot{x}_1 = -\frac{\partial U(x_1, 0)}{\partial x_1} - \frac{1}{\omega(x_1)} \frac{d\omega(x_1)}{dx_1} \cdot \left\langle \frac{\omega^2(x_1) x_2^2}{\Lambda^2} \right\rangle. \qquad (5)$$

Zur exakteren Begründung dieser Behauptung kann man das Einstein-Ehrenfestsche Adiabatentheorem heranziehen[2]; dieses besagt, daß mit $G(t) \equiv G(x_1(t), \dot{x}_2(t), x_2(t))$, und $\omega(t) \equiv \omega(x_1(t))$, das Verhältnis $G(t)/\omega(t)$ im Limes $\Lambda \Rightarrow 0$ konstant wird, d.h. daß:

$$\frac{dG(t)}{dt} = \frac{G(t_0)}{\omega(t_0)} \cdot \frac{d\omega(t)}{dt} = \frac{G(t)}{\omega(t)} \cdot \frac{d\omega(t)}{dt} = \frac{G(t)}{\omega(t)} \frac{d\omega(x_1(t))}{dx_1} \frac{dx_1}{dt} \qquad (6)$$

ist. Die Differentiation von (4) nach der Zeit liefert dann:

$$\dot{x}_1 \left\{ \ddot{x}_1 + \frac{\partial U(x_1, 0)}{\partial x_1} + G(t) \frac{1}{\omega(x_1(t))} \frac{d\omega(x_1(t))}{dx_1} \right\} = 0, \qquad (7)$$

---

[2] Wegen des Beweises s.u. Gln. (8) und (9).

in Übereinstimmung mit (5), während das d'Alembertsche Prinzip

$$\ddot{x}_1 + \frac{\partial U(x_1, 0)}{\partial x_1} = 0$$

verlangt. Das Führungspotential liefert also nur dann eine mit dem d'Alembertschen Prinzip verträgliche Bewegungsgleichung, wenn

entweder $\frac{d\omega(x_1)}{dx_1} = 0$ ist, *oder* wenn $G(t) = G(t_0)\,\omega(t)/\omega(0) = 0$ (7a)

ist, mit anderen Worten: wenn entweder das Führungspotential von x_1 unabhängig ist, oder wenn zu irgendeinem Zeitpunkt, insbesondere „zu Beginn" der Bewegung, keine Energie in der „Transversalbewegung" steckt.

Die erste Forderung wäre gewiß zu eng für ein allgemeines mechanisches System (bzw. das Analogon zur Forderung: ω sei von x_1 unabhängig). Wenn die Bewegung im System, ausgehend von einer „Ruhelage" bei t_0, mit $\dot{x}_1(t_0) = \dot{x}_2(t_0) = x_2(t_0) = 0$, durch die äußeren Kräfte, deren Potential $U(x_1, x_2)$ ist, zustande kommt, so ist zwar $G(t_0) = 0$; wird aber die Bewegung durch einen „Stoß" gestartet[3], d.h. wenn nach dem Stoß $\dot{x}_1$ und $\dot{x}_2$ nicht Null sind, so ist offenbar $G(t_0)$ nicht Null, sondern $\dot{x}_2^2(t_0)/2$. Dann verläuft die Bewegung zwar immer noch beliebig nahe bei $x_2 = 0$ „geführt", ihr zeitlicher Ablauf ist jedoch durch (7) gegeben.

Da aber die ganze Technische Mechanik durch das d'Alembertsche Prinzip beherrscht wird und es wohl nur wenige besser empirisch bestätigte Naturgesetze gibt, ist notwendigerweise außer der Annahme eines Führungspotentials (bzw. von Führungskräften) zu seiner Begründung noch ein weiterer Gesichtspunkt erforderlich. Dieser scheint uns darin zu liegen, daß die in $G(x_1, x_2, \dot{x}_2)$ enthaltene „Energie der Transversalbewegung" wegen der hohen Frequenz, mit der in ihr sich kinetische und potentielle Energie ineinander umsetzen, sehr rasch dissipiert wird, auch wenn wir von der Dämpfung der Bewegung längs der Führungsgeraden noch ganz absehen können. Infolgedessen wird, wie auch immer die Bewegung gestartet sein mag, $G(t)$ durch Dämpfung rasch gegen Null gehen, und dann die weitere Bewegung so verlaufen, wie sie durch das d'Alembertsche Prinzip bestimmt ist.

---

[3] Die Stoßdauer in der der transversale Impuls auf $\dot{x}_2(t_0)$ anwächst, muß kürzer als — (oder vergleichbar mit) — $\Lambda/\omega(x_1)$ sein. Natürlich sind die „Führungen" immer derart, daß Λ nicht streng gegen Null geht, sondern nur so klein angenommen werden kann, daß $|\Lambda \ddot{x}_1| \ll |\omega(x_1) \cdot \dot{x}_1|$ ist.

d'Alemberts Prinzip in klass. und Quantenmechanik

Obwohl wir hier nur ein sehr spezielles Beispiel diskutiert haben, glauben wir, daß auch in allgemeineren Fällen die Wurzel für die universelle Gültigkeit des d'Alembertschen Prinzips außerhalb der konservativen Mechanik (die invariant gegen Zeitumkehr ist) in dissipativen, irreversiblen Prozessen zu suchen ist (in denen eine Zeitrichtung ausgezeichnet ist). Es ist anmerkenswert, daß eine solche Formulierung in der Physik jener Zeit, als Lagrange dem Prinzip seine endgültige Fassung und seinen Namen gab, kaum möglich gewesen wäre.

Einstein-Ehrenfest-Adiabatensatz. Zum Beweis von (6) bilden wir, unter Berücksichtigung von (2b):

$$\frac{d}{dt}\left\{\frac{G(t)}{\omega(t)}\right\} = \frac{d\omega^{-1}}{dt} \cdot \left\{\frac{\dot{x}_2^2}{2} - \frac{\omega^2 x_2^2}{2\varLambda^2} + \varPhi(x_1, x_2)\right\} + \frac{\dot{x}_1}{\omega}\frac{\partial \varPhi}{\partial x_1}. \quad (8)$$

Die geschweifte Klammer läßt sich nach dem Virialsatz umformen:

$$\frac{d(x_2 \dot{x}_2)}{dt} = \dot{x}_2^2 - \frac{\omega^2 x_2^2}{\varLambda^2} - x_2 \frac{\partial \varPhi}{\partial x_2}, \quad (8a)$$

deshalb gilt:

$$\frac{d}{dt}\left\{\frac{G}{\omega}\right\} = \frac{d\omega^{-1}}{dt}\left\{\frac{d}{dt}\frac{x_2 \dot{x}_2}{2} + \varPhi(x_1, x_2) + \frac{x_2}{2}\frac{\partial \varPhi}{\partial x_2}\right\} + \frac{\dot{x}_1}{\omega}\frac{\partial \varPhi}{\partial x_1}$$

$$= \frac{d}{dt}\left\{\left(\frac{x_2 \dot{x}_2}{2}\right)\frac{d\omega^{-1}}{dt}\right\} - \left(\frac{x_2 \dot{x}_2}{2}\right)\left(\frac{d^2}{dt^2}\frac{1}{\omega}\right) \quad (8b)$$

$$+ \left(\frac{x_2}{2}\frac{\partial \varPhi}{\partial x_2} + \varPhi(x_1, x_2)\right)\frac{d\omega^{-1}}{dt} + \frac{\dot{x}_1}{\omega}\frac{\partial \varPhi}{\partial x_1}.$$

Wenn E beschränkt ist, muß auch G beschränkt sein, und deshalb muß x_2 wie $\varLambda$ gegen Null gehen und $\dot{x}_2$ beschränkt sein. Die letzten Glieder der Gleichung geben also in der Grenze $\varLambda \Rightarrow 0$ alle keinen Beitrag, und die Integration zwischen zwei willkürlichen Zeiten t_a und t_e liefert

$$\left(\frac{G}{\omega}\right)_{t_e} - \left(\frac{G}{\omega}\right)_{t_a} = \left(\frac{x_2 \dot{x}_2}{2}\frac{d\omega^{-1}}{dt}\right)_{t_e} - \left(\frac{x_2 \dot{x}_2}{2}\frac{d\omega^{-1}}{dt}\right)_{t_a} \Rightarrow 0, \quad (9)$$

also bleibt in diesem Grenzfall $G(t)/\omega(t)$ konstant, wie bei (6) angegeben.

Bindung an eine Kurve

Im Hinblick auf spätere quantenmechanische Überlegungen wollen wir noch die Bindung an eine Kurve betrachten. Wir beschränken uns dabei wieder auf eine ebene Welt und wollen außerdem die für uns nicht interessanten „äußeren Kräfte" bzw. deren

Potential $U(x_1, x_2)$, gleich Null setzen. Man führt dann zweckmäßig als neue Koordinaten die Bogenlänge s auf der Kurve und den senkrechten Abstand x von der Kurve folgendermaßen ein: Die Kurve sei durch $\vec{r}_\varkappa(s)$ gegeben, dann ist der Tangentenvektor

$$\vec{t}(s) = \frac{d\vec{r}_\varkappa(s)}{ds} \quad \text{mit} \quad \vec{t}^{\,2} = 1. \tag{10}$$

Ein Normalenvektor $\vec{n}(s)$, mit $\vec{n}^2 = 1$ und $(\vec{t}, \vec{n}) = 0$, läßt sich festlegen durch:

$$\frac{d\vec{t}(s)}{ds} = -\varkappa(s)\,\vec{n}(s) \quad \text{mit} \quad \varkappa(s) = \sqrt[+]{\left(\frac{d\vec{t}}{ds}\right)^2}, \tag{10a}$$

dann gilt wegen $(\vec{t}\,\vec{n}) = 0$ auch:

$$\frac{d\vec{n}(s)}{ds} = +\varkappa(s)\,\vec{t}(s). \tag{10b}$$

In einer hinreichend engen Umgebung der Kurve ist dann jeder Punkt eindeutig[4] definiert durch

$$\vec{r}(s, x) = \vec{r}_\varkappa(s) + x\,\vec{n}(s) \tag{11}$$

und es gilt:

$$\dot{\vec{r}} = \dot{s}\,\vec{t}(s)\,(1 + x\,\varkappa(s)) + \dot{x}\,\vec{n}(s). \tag{12}$$

Als „Führungspotential" setzen wir wieder:

$$F(s, x) = \frac{\omega^2(s)}{\Lambda^2}\,\frac{x^2}{2} \quad \text{mit} \quad \lim \Lambda \Rightarrow 0 \tag{13}$$

an. Eine einfache Umrechnung ergibt dann in diesen Koordinaten das System von Bewegungsgleichungen:

$$\ddot{s}(1 + x\,\varkappa(s))^2 + \left(\dot{s}^2\,x\,\frac{d\varkappa(s)}{ds} + 2\dot{s}\dot{x}\,\varkappa(s)\right)(1 + x\,\varkappa(s))$$
$$= -\frac{\omega^2(s)}{\Lambda^2}\,x^2\,\frac{1}{\omega(s)}\,\frac{d\omega(s)}{ds}, \tag{14a}$$

$$\ddot{x} - \dot{s}^2\,\varkappa(s)(1 + x\,\varkappa(s)) = -\frac{\omega^2(s)}{\Lambda^2}\,x. \tag{14b}$$

Das Glied auf der rechten Seite in (14a) entspricht ganz dem bei der Führung längs der Geraden (d.h. für $\varkappa(s) = 0$, $s \equiv x_1$, $x \equiv x_2$) auftretenden Glied, es fällt nur weg, wenn $\omega(s)$ von s unabhängig ist.

---

[4] Die Eindeutigkeit ist dort nicht mehr gewährleistet wo $x\,\varkappa(s) = -1$ wird. Da wir uns aber für den Grenzübergang $x \Rightarrow 0$ interessieren, ist dies nicht relevant.

d'Alemberts Prinzip in klass. und Quantenmechanik

Die Gl. (14b) beschreibt wieder eine mit abnehmenden Λ immer rascher werdende Oszillation von x um einen mit s langsam veränderlichen Mittelwert $\langle\!\langle x(s)\rangle\!\rangle$, wobei dieser gegeben ist durch die Partikularlösung $\ddot{x}\approx 0$ d.h.:

$$\frac{\langle\!\langle x\rangle\!\rangle}{1+\langle\!\langle x\rangle\!\rangle\varkappa(s)} = \frac{\Lambda^2}{\omega^2(s)}\,\dot{s}^2\,\varkappa(s).$$

$\langle\!\langle x\rangle\!\rangle$ geht also mit Λ quadratisch gegen Null. Wir können deshalb auch hier wieder, gemäß dem Ehrenfest-Einstein-Theorem in der Grenze $\Lambda\Rightarrow 0$, unbedenklich über die Periode einer raschen Oszillation mitteln, und erhalten für die geführte Bewegung die Gleichung:

$$\ddot{s} = -\frac{1}{\omega}\frac{d\omega}{ds}\left\langle\!\!\left\langle\frac{\omega^2 x^2/\Lambda^2}{(1+\varkappa x)^2}\right\rangle\!\!\right\rangle - 2\dot{s}\,\varkappa\left\langle\!\!\left\langle\frac{\dot{x}}{1+\varkappa x}\right\rangle\!\!\right\rangle - \dot{s}^2\,\frac{d\varkappa}{ds}\left\langle\!\!\left\langle\frac{x}{1+\varkappa x}\right\rangle\!\!\right\rangle. \quad (14\text{c})$$

Da die Mittelwerte in den beiden letzten Gliedern von (14c) verschwinden, wenn Λ gegen Null geht, wird (14c) mit (5) identisch, und die an (5) anschließende Diskussion gilt genau so bei der Bindung an eine Kurve; die von der Krümmung abhängigen Terme fallen weg.

II. Übergang zur Quantenmechanik[5]

In der Quantenmechanik ist die Situation zunächst dadurch geändert, daß mit der Bindung $x=0$ eine Nullpunktsbewegung der Transversalkomponente verkoppelt ist, d.h. die Schwankung des Impulses $\dot{x}$ um seinen Mittelwert Null wird zu:

$$\langle\!\langle \dot{x}^2\rangle\!\rangle = \left\langle\!\!\left\langle\frac{\omega^2 x^2}{\Lambda^2}\right\rangle\!\!\right\rangle = \frac{1}{2}\frac{\hbar\omega(s)}{\Lambda}, \quad (15)$$

in der Gl. (14a), bzw. (5) oder (7), nimmt der Faktor von $-d\log\omega/ds$ diesen mit Λ^{-1} gegen unendlich gehenden Wert an. Außer für den Fall, wo $\omega(s)$ von s unabhängig, d.h. $d\omega/ds=0$ ist, ist das Prinzip von d'Alembert mit der Nullpunktsbewegung nicht in Einklang zu bringen[6].

Andererseits liefert der Übergang zu $\Lambda\Rightarrow 0$ auch beim Vorliegen der Nullpunktsbewegung aus (14c) keine von der Krümmung der

---

5 Vgl. dazu die in den Ann. of Physics **63** (1971) erscheinende Note von H. Jensen und H. Koppe.

6 Nicht einmal eine schwache, mit Λ gegen Null gehende, Abhängigkeit der Frequenz von s, etwa in der Form $\omega(s)=\omega(0)(1+\Lambda f(s))$ ist beim Auftreten der Nullpunktsenergie mit dem d'Alembertschen Prinzip verträglich, da dann in der Grenze $\Lambda\Rightarrow 0$ die Gleichung $\ddot{s}=-(\hbar\omega(s)/2)(df/ds)$ resultieren würde. Auf diesen Umstand hat uns Herr Van Hove (CERN) aufmerksam gemacht. Siehe auch die Diskussion in Fußnote 14.

Kurve abhängenden Zusatzglieder. Denn die Mittelwerte, die als Faktoren von $\dot{s}$ und von $\dot{s}^2$ in (14c) auftreten, verschwinden auch dann noch, wenn die Nullpunktsenergie gegen unendlich geht. Jedoch ist das Auftreten der Nullpunktsenergie keineswegs der einzige Effekt der die Quantentheorie von der klassischen Mechanik unterscheidet; vielmehr ist durch den zum Partikelbild komplementären Feldaspekt die Situation viel einschneidender geändert, und wir wollen im nächsten Abschnitt zeigen, daß dadurch die Kopplung der Transversalbewegung an die ,,geführte'' Bewegung eine interessante Abhängigkeit der Bewegungsgleichung von der Krümmung der Führungskurve zur Folge hat (bzw. von den Krümmungen der Führungsfläche bei der Bindung eines Massenpunktes an eine Fläche im dreidimensionalen Raum).

In der Quantenmechanischen Behandlung müssen wir aus dem angeführten Grunde im Führungspotential (13) $\omega(s)$ als von s unabhängig ansehen, wir wollen es außerdem durch ein Kastenpotential ersetzen:

$$F(s, x) \equiv F(x) = \begin{cases} 0 & \text{für } |x| < \Lambda \\ \infty & \text{für } |x| > \Lambda \end{cases} \quad \text{mit } \Lambda \Rightarrow 0. \quad (16)$$

Wir haben also die Schrödingergleichung

$$-\frac{\hbar^2}{2m} \Delta \Psi(s, x) = E \Psi(s, x) \quad (17)$$

mit der Randbedingung $\Psi(s, \Lambda) = \Psi(s, -\Lambda) = 0$ zu lösen, und dann den Grenzübergang $\Lambda \Rightarrow 0$ zu machen. (Die bisher gleich 1 angenommene Masse m haben wir explizite eingeführt.)

In den Koordinaten s und x, Gl. (11), schreibt sich der Laplaceoperator:

$$\Delta = \frac{1}{1+x\varkappa(s)} \frac{\partial}{\partial s} \frac{1}{1+x\varkappa(s)} \frac{\partial}{\partial s} + \frac{1}{1+x\varkappa(s)} \frac{\partial}{\partial x} (1+x\varkappa(s)) \frac{\partial}{\partial x}. \quad (18)$$

Außer bei der Bindung an eine Gerade ($\varkappa = 0$) ist die Gl. (17) nicht separierbar. Eine besondere Sorgfalt bei der Behandlung dieser Gleichung ist nötig, weil wegen der Randbedingung die Ableitung $\partial \Psi / \partial x$ in der Grenze $\Lambda \Rightarrow 0$ gegen unendlich geht. Eine in diesem Grenzfall separierbare Gleichung ergibt sich aber durch den Ansatz:

$$\Psi(s, x) = \frac{\Phi(s, x)}{\sqrt{1+x\varkappa(s)}}, \quad (19)$$

dieser liefert:

$$\sqrt{1 + x\varkappa(s)}\, \Delta\Psi = \frac{1}{\sqrt{1+x\varkappa(s)}}\, \frac{\partial}{\partial s}\, \frac{1}{1+x\varkappa(s)}\, \frac{\partial \Phi}{\partial s} \\ + \frac{1}{4}\, \frac{\varkappa^2(s)}{1+x\varkappa(s)}\, \Phi + \frac{\partial^2 \Phi}{\partial x^2}.$$ (20)

Hier treten keine $\partial \Phi/\partial x$ enthaltenden Kopplungsglieder mehr auf; wir können deshalb in der Grenze $\Lambda \Rightarrow 0$ ungestraft $x\varkappa(s)$ neben 1 und $x\,\frac{d\varkappa}{ds}\,\frac{\partial \Phi}{\partial s}$ neben $\frac{\partial^2 \Phi}{\partial s^2}$ vernachlässigen[7], und erhalten aus (17) die Gleichung

$$-\frac{\hbar^2}{2m}\left(\frac{\partial^2}{\partial s^2} + \frac{\varkappa^2(s)}{4}\right)\Phi - \frac{\hbar^2}{2m}\,\frac{\partial^2}{\partial x^2}\,\Phi = E\,\Phi.$$ (21)

Nunmehr können wir durch den Ansatz

$$\Phi(s, x) = \chi(s)\cos\left(\frac{\pi}{2}\,\frac{x}{\Lambda}\right)$$

die Nullpunktsbewegung abseparieren mit:

$$E - \left(\frac{\pi}{2\Lambda}\right)^2 \frac{\hbar^2}{2m} = E_s$$

und erhalten für die „geführte Bewegung" die Gleichung:

$$-\frac{\hbar^2}{2m}\,\frac{d^2 \chi(s)}{ds^2} - \frac{\hbar^2\,\varkappa^2(s)}{8m}\,\chi(s) = E_s\,\chi(s).$$ (22)

Schrödinger hatte dagegen in einer seiner ersten Abhandlungen zur Wellenmechanik[8] eine Vermutung über die Wellengleichung für Systeme, deren Freiheitsgrade durch „Bindungen" eingeschränkt sind, formuliert, die im vorliegenden Falle die Gl. (22) *ohne* das zu $\varkappa^2(s)$ proportionale Zusatzglied liefert. Die von Schrödinger ausgesprochene Vermutung ist seither immer wieder auf konkrete Fälle angewandt worden. Frühe Versuche zu ihrer Begründung in speziellen Fällen finden sich u.a. bei Welker[9] und Sommerfeld[10], eine

---

7 Man könnte (21) als nullte Näherung einer Störungsrechnung auffassen, in der (20) nach Potenzen von Λ entwickelt wird. Solche Störungsrechnungen führen aber im allgemeinen auf semikonvergente Reihen. Zur Begründung dafür, daß man sich in der Grenze $\Lambda \Rightarrow 0$ auf die nullte Näherung beschränken darf, kann man sich auf den Einschließungssatz von Bogoliubow und Krylow berufen, (vgl. dessen Diskussion bei L. Collatz, Eigenwertsaufgaben, Leipzig 1963, S. 133).
8 Ann. Physik **79**, 489 (1926).
9 Welker, H.: Z. Physik **101**, 95 (1936).
10 Sommerfeld, A.: Atombau und Spektrallinien, 2. Aufl., Bd. II, S. 764. Leipzig 1939.

neuere Begründung für den dreiachsigen Kreisel bei Flügge und Weiguny[11]. Ein Plädoyer für die allgemeine Gültigkeit der Schrödingerschen Vermutung findet sich bei Brillouin[12].

Schrödinger formuliert in der ursprünglichen Arbeit[8] seine Wellengleichung im nichteuklidischen Raum allerdings mit Vorbehalt und weist darauf hin, daß sie einer Begründung — entweder durch experimentelle Fakten oder durch einen Grenzübergang, bei dem die nicht interessierenden Freiheitsgrade „eingefroren" werden — bedürfte. Jedoch führen Mandelstam und Yourgrau[13] briefliche Äußerungen Schrödingers aus den fünfziger Jahren an, nach denen er die betr. Wellengleichung für die einzig vernünftige zu halten schien.

Es schien uns deshalb mitteilenswert, daß schon bei einem so einfachen Beispiel der Grenzübergang eine andere Gleichung liefert; das Zusatzglied enthält die Krümmung $\varkappa(s)$, ist also wesentlich dadurch bestimmt, wie die Führungskurve in einen Euklidischen Raum eingebettet ist. Ein entsprechendes Resultat ergibt sich[5] bei der Bindung an eine Fläche. Wenn die Fläche $\vec{r}_F(q_1, q_2)$ durch zwei Parameter (q_1, q_2) gegeben ist, in denen die Metrik $(d\vec{r}_F)^2 = g_{\mu\nu}(q_1, q_2)\, dq_\mu dq_\nu$ lautet, so ergibt sich für die eingefrorene Bewegung auf der Fläche die Gleichung:

$$-\frac{\hbar^2}{2m}\left(\frac{1}{\sqrt{g}}\frac{\partial}{\partial q_\mu}\sqrt{g}\, g^{\mu\nu}\frac{\partial}{\partial q_\nu} + \left(\frac{\varkappa_1(q_1, q_2) - \varkappa_2(q_1, q_2)}{2}\right)^2\right)\chi(q_1, q_2) = E_F \chi(q_1, q_2), \quad (23)$$

worin g die Determinante der $g_{\mu\nu}$, und $g^{\mu\nu}$ der zu $g_{\mu\nu}$ orthogonale metrische Tensor, $(g^{\lambda\mu} g_{\mu\nu} = \delta^\lambda_\nu)$, ist. $\varkappa_1$ und $\varkappa_2$ sind die beiden Hauptkrümmungen. Zwar ist das Produkt $\varkappa_1 \varkappa_2$, das „Gaußsche Krümmungsmaß", alleine durch die Metrik $g_{\mu\nu}$ in der Fläche bestimmt, die Differenz $\varkappa_1 - \varkappa_2$ ist aber erst durch die Einbettung der Fläche in einen Euklidischen Raum festgelegt. Schrödinger hatte die Gl. (23) ohne das Zusatzglied $(\varkappa_1 - \varkappa_2)^2 \chi$ postuliert.

Wesentlich ist, daß bei unserem Grenzübergang $\Lambda \Rightarrow 0$ hier die Flächen des Sperrpotentials als streng äquidistant zur Führungs-

---

[11] Flügge, S., Weiguny, A.: Z. Physik **171**, 171 (1963). — Weiguny, A.: Z. Physik **186**, 226 (1965).

[12] Brillouin, L.: Les Tenseurs en Mecanique, Paris 1938, Kap. IX, § 6. Wegen neuerer Literatur vgl. auch z. B.: Van Hove, L.: Verh. Kon. Belg. Acad. **26**, Aflev. 6 (1951), und Simon, K.: Am. J. Phys. **33**, 60 (1965).

[13] Mandelstam, S., Yourgrau, W.: Variational principles in dynamics and quantum theory, 2nd ed. London 1960 (preface und S. 125).

fläche verlaufend angenommen wurden. Bei nicht äquidistanten Sperrflächen ergibt sich in der Quantenmechanik in der Grenze $\Lambda \Rightarrow 0$ aus der Kopplung mit der Nullpunktsbewegung das Resultat, daß das Absolutquadrat der Feldfunktion sich deltafunktionsartig bei den Flächenkoordinaten q_μ zusammenzieht, wo die Nullpunktsenergie der Transversalbewegung minimal wird[14]; dieses haben wir im Anhang II an einem exakt lösbaren Beispiel erläutert.

Anhang I: Bindung an eine Raumkurve

Wir wollen noch zeigen, daß die Gl. (22) unter noch zu spezifizierenden Voraussetzungen auch dann resultiert, wenn im dreidimensionalen Raum die Bindung eines Massenpunktes an eine Raumkurve vorliegt. Die Kurve sei wieder durch $\vec{r}_\varkappa(s)$ gegeben, dann kann man zur Tangente $\vec{t}(s)$ und der Hauptnormalen $\vec{n}_1(s) = -\frac{d\vec{t}}{ds} \Big/ \left|\frac{d\vec{t}}{ds}\right|$ noch die Binormale $\vec{n}_2(s) = [\vec{t}(s) \times \vec{n}_1(s)]$ definieren, die durch die Frenetgleichungen:

$$\frac{d\vec{t}}{ds} = -\varkappa(s)\,\vec{n}_1; \quad \frac{d\vec{n}_1}{ds} = \varkappa(s)\,\vec{t} + \tau(s)\,\vec{n}_2; \quad \frac{d\vec{n}_2}{ds} = -\tau(s)\,\vec{n}_1$$

verknüpft sind; jedoch ist es zweckmäßiger ein gegen sie verdrehtes Achsenkreuz

$$\vec{e}_1 = \vec{n}_1 \cos(\alpha(s)) + \vec{n}_2 \sin(\alpha(s)) \quad \text{und} \quad \vec{e}_2 = \vec{n}_2 \cos(\alpha(s)) - \vec{n}_1 \sin(\alpha(s))$$

---

[14] Herr Van Hove machte uns darauf aufmerksam, daß sich die von Schrödinger vermutete Gleichung erhalten läßt, wenn man die Äquidistanz erst im limes $\Lambda \Rightarrow 0$ fordert. Zum Exempel könnte man in dem bei (17) behandelten Beispiel fordern, daß $\Psi(s, \Lambda(1+\Lambda^2 f(s))) = 0$ sein soll, daß also eine zur Nullpunktsenergie umgekehrt proportionale Abweichung von der Äquidistanz vorliegt. Dann ergibt sich in (22) ein weiteres endliches, zu df/ds proportionales Zusatzglied. Da $f(s)$ willkürlich wählbar ist, kann man es dann so einrichten, daß der Term $-\hbar^2 \varkappa^2(s)/8m$ gerade wieder weg kompensiert wird. Auf diese Weise hätte man den „unerwünschten" Anteil in (22) escamotiert. Ob die „Führungspotentiale" realiter in allen Fällen gerade so beschaffen sind, daß sie auf diese Weise die Gültigkeit der Schrödingerschen Vermutung garantieren, oder ob nicht in konkreten Fällen eine Kopplung zwischen der „Transversalen Nullpunktsbewegung" und der „geführten" Bewegung verbleibt, möchten wir dahingestellt sein lassen. Bisher scheint uns die Verwendbarkeit des Schrödingerschen Rezepts nur beim starren Rotator in drei Dimensionen (— hier verschwindet wegen $\varkappa_1 = \varkappa_2$ der Zusatzterm in (23) —,) und beim dreiatomigen Molekül[11], wohlbegründet zu sein.

mit $d\alpha/ds = -\tau(s)$ zu benutzen; dann folgt aus den Frenetgleichungen:

$$\frac{d\vec{e}_1}{ds} = \varkappa(s)\cos(\alpha)\cdot\vec{t} \qquad \frac{d\vec{e}_2}{ds} = -\varkappa(s)\sin(\alpha)\cdot\vec{t},$$

d. h.: die Änderungen von $\vec{e}_1$ und $\vec{e}_2$ liegen immer in der Tangentenrichtung und die „Windung" $\tau(s)$ tritt nicht mehr explizit auf. In der Umgebung der Kurve können wir nun durch

$$\vec{r} = \vec{r}_{\varkappa}(s) + \xi_1\vec{e}_1 + \xi_2\vec{e}_2 = \vec{r}(s,\xi_1,\xi_2)$$

dem Problem angemessene Koordinaten (s,ξ_1,ξ_2) einführen.

Das Feldbild-Analogon zur geführten Bewegung ist ein Hohlleiter mit konstanten Querschnitt für ein skalares Feld, das der Gl. (17) genügt, und auf der Berandung des Querschnitts verschwindet.

Sodann müssen wir den Grenzübergang, in dem die Linearabmessung des Querschnitts gegen Null gehen, vollziehen. Falls die Berandung des Querschnitts durch eine von s unabhängige Funktion $Q(\xi_1/\Lambda, \xi_2/\Lambda) = 0$ gegeben ist, wollen wir von einem „unverdrillten Hohlleiter" sprechen.

In diesen Koordinaten lautet der Laplaceoperator

$$\Delta = \frac{1}{A}\frac{\partial}{\partial s}\frac{1}{A}\frac{\partial}{\partial s} + \frac{1}{A}\left(\frac{\partial}{\partial \xi_1}A\frac{\partial}{\partial \xi_1} + \frac{\partial}{\partial \xi_2}A\frac{\partial}{\partial \xi_2}\right),$$

worin wir zur Abkürzung $A = 1 + \varkappa(s)(\xi_1\cos\alpha - \xi_2\sin\alpha)$ geschrieben haben.

Wieder bekommen wir eine in der Grenze $\Lambda \Rightarrow 0$ separierbare Gleichung, wenn wir

$$\Psi(s,\xi_1,\xi_2) = \frac{\Phi(s,\xi_1,\xi_2)}{\sqrt{A}}$$

setzen. Es ergibt sich dann entsprechend zu (21) aus (17) die Gleichung:

$$-\frac{\hbar^2}{2m}\left(\frac{\partial^2}{\partial s^2} + \frac{\varkappa^2(s)}{4}\right)\Phi - \frac{\hbar^2}{2m}\left(\frac{\partial^2\Phi}{\partial \xi_1^2} + \frac{\partial^2\Phi}{\partial \xi_2^2}\right) = E\Phi,$$

in der sich die Nullpunktsschwingung im Querschnitt durch $\Phi \equiv \chi(s)\cdot\varphi(\xi_1,\xi_2)$ abseparieren läßt, so daß für die Funktion $\chi(s)$ der „geführten Bewegung" wiederum die Gl. (22) resultiert. Die Windung $\tau(s)$ der Führungskurve tritt darin nicht mehr explizit auf. Dieses simple Resultat ergibt sich aber nur für den „unverdrillten Hohlleiter", insbesondere für einen mit kreisförmigem Querschnitt.

d'Alemberts Prinzip in klass. und Quantenmechanik

Das Zusatzglied $-\hbar^2 \varkappa^2(s)/8m$ in (22) hat eine merkwürdige Konsequenz. Wählt man z. B. für die Führungskurve eine Parabel, so wirkt das Zusatzglied wie ein attraktives Potential, das seinen größten Wert am Ort der stärksten Krümmung hat. Da es sich in (22) um eine eindimensionale Feldgleichung handelt, gibt es also einen „gebundenen Zustand" mit negativem E_s, bei dem $|\chi(s)|^2$ auf den Parabelästen exponentiell abfällt und am Ort der stärksten Krümmung seinen Maximalwert hat; dort wird im quantisierten Partikelbild das Teilchen „festgehalten", obwohl es sich in der Klassischen Mechanik auf der Führungskurve frei bewegen kann. Wählt man die Parabel so, daß der kleinste Wert des Krümmungsradius $(1/\varkappa(s))$ etwa ein Ångström ist und setzt für m die Elektronenmasse ein, so ergibt sich eine „Bindungsenergie" von etwa einem zehntel Elektronenvolt.

Anhang II: Nicht äquidistante Sperrpotentiale [15]

Wir beschränken uns wieder auf einen zweidimensionalen ebenen Raum und wählen als Führungskurve eine Ellipse. Das Führungspotential soll auf zwei die Ellipse einschließenden, zu ihr konfokalen, Ellipsen von Null auf Unendlich springen. Der Abstand zwischen den beiden Sperrpotentialen variiert dann im Verhältnis der kleinen Achse b zur großen Achse a der Führungsellipse, deren Elliptizität $\varepsilon = \sqrt{1 - b^2/a^2}$ ist. Die elliptischen Koordinaten η und φ definieren wir durch:

$$x = a \frac{\operatorname{Csh} \eta}{\operatorname{Csh} \eta_0} \sin \varphi, \quad y = a \frac{\operatorname{Snh} \eta}{\operatorname{Csh} \eta_0} \cos \varphi. \qquad \text{(A.II.1)}$$

$\eta = \eta_0$ charakterisiert die erzeugende Ellipse, mit $\varepsilon = 1/\operatorname{Csh} \eta_0$. Der Potentialsprung liege bei $\eta = \eta_0 \pm \varLambda \frac{\pi}{2}$. Der Laplaceoperator lautet

$$\varDelta = \frac{1}{a^2} \frac{\operatorname{Csh}^2 \eta_0}{\operatorname{Csh}^2 \eta - \sin^2 \varphi} \left(\frac{\partial^2}{\partial \eta^2} + \frac{\partial^2}{\partial \varphi^2} \right) \qquad \text{(A.II.2)}$$

und $\psi(\eta, \varphi)$, das der Gl. (17) genügt, soll die Randbedingung $\varPsi(\eta_0 + \varLambda \frac{\pi}{2}, \varphi) = 0$ erfüllen. Die Gl. (17) läßt sich durch den Ansatz $\varPsi = \varPhi(\eta)(\varphi)$ „separieren" in die Mathieu-Gleichungen:

$$\left(\frac{d^2}{d\eta^2} + \frac{E \operatorname{Csh}^2 \eta/\operatorname{Csh}^2 \eta_0 - E_\varphi}{\hbar^2/2m\,a^2} \right) \varPhi(\eta) = 0 \qquad \text{(A.II.3)}$$

---

[15] Eine rigorosere Begründung der hier angedeuteten Argumentation findet man in den Monographien über Mathieu-Funktionen und deren symptotisches Verhalten; z. B. Meixner, J., Schäfke, F. W.: Mathieu-Funktionen. Berlin 1954.

und
$$\left(\frac{d^2}{d\varphi^2} + \frac{E_\varphi - E \sin^2 \varphi/\mathrm{Csh}^2 \eta_0}{\hbar^2/2m\,a^2}\right)\chi(\varphi) = 0 \qquad (\mathrm{A.II.4})$$

mit $E_\varphi/(\hbar^2/2ma^2)$ als Separationsparameter. Charakteristisch für die Mathieu-Gleichungen ist, daß der Eigenwert E der „Transversalbewegung", der als Nullpunktsenergie gegen unendlich gehen soll, auch in die Gleichung für die „geführte Bewegung" eingeht. Beide Bewegungen bleiben also auch beim Separationsansatz eng verkoppelt (außer bei Kreis, $\varepsilon \Rightarrow 0$; $\mathrm{Csh}\,\eta_0 = (1/\varepsilon) \Rightarrow \infty$). Wir werden nachträglich sehen, daß $E_\varphi \ll E$ ist; in der Gleichung A.II.3 können wir daher das letzte Glied E_φ streichen und ungestraft auch $\mathrm{Csh}\,\eta$ durch $\mathrm{Csh}\,\eta_0$ ersetzen. Dann gibt die Randbedingung:

$$E \cong \frac{\hbar^2/2m\,a^2}{\Lambda^2}. \qquad (\mathrm{A.II.5})$$

Bei $E_\varphi \ll E$ ist daher, nach (A.II.4), $\chi(\varphi)$ nur für sehr kleine φ „oszillatorisch", und fällt dann „exponentiell" ab. Für den Grundzustand können wir in (A.II.4) deshalb $\sin \varphi$ durch φ ersetzen, und erhalten als Lösung:

$$\chi(\varphi) = e^{-\varphi^2 \varepsilon/2\Lambda} \quad \text{und} \quad E_\varphi = \frac{\hbar^2/2m\,a^2}{\Lambda\,\mathrm{Csh}\,\eta_0} = \frac{\hbar^2}{2m\,a^2} \cdot \frac{\varepsilon}{\Lambda}. \qquad (\mathrm{A.II.6})$$

$|\chi(\varphi)|^2$ zieht sich also auf einen Bereich $\Delta\varphi \approx \sqrt{\frac{\Lambda}{\varepsilon}}$ um $\varphi = 0$ (bzw. π), zusammen, d.h. dort, wo der Abstand der konfokalen Ellipsen relativ am größten ist.

H. Jensen dankt H. Steinwedel, Würzburg, J. Petzold, Marburg, und seinen Heidelberger Kollegen, insbes. K. Dietrich, J. Hüfner und D. Zeh für anregende Diskussionen und fördernde Hinweise.

Sitzungsberichte der Heidelberger Akademie der Wissenschaften
Mathematisch-naturwissenschaftliche Klasse

Erschienene Jahrgänge

Inhalt des Jahrgangs 1959:
1. W. RAUH und H. FALK. Stylites E. Amstutz, eine neue Isoëtacee aus den Hochanden Perus. 1. Teil. DM 23.40.
2. W. RAUH und H. FALK. Stylites E. Amstutz, eine neue Isoëtacee aus den Hochanden Perus. 2. Teil. DM 33.—.
3. H. A. WEIDENMÜLLER. Eine allgemeine Formulierung der Theorie der Oberflächenreaktionen mit Anwendung auf die Winkelverteilung bei Strippingreaktionen. DM 6.30.
4. M. EHLICH und M. MÜLLER. Über die Differentialgleichungen der bimolekularen Reaktion 2. Ordnung. DM 11.40.
5. Vorträge und Diskussionen beim Kolloquium über Bildwandler und Bildspeicherröhren. Herausgegeben von H. SIEDENTOPF. DM 16.20.
6. H. J. MANG. Zur Theorie des α-Zerfalls. DM 10.—.

Inhalt des Jahrgangs 1960/61:
1. R. BERGER. Über verschiedene Differentenbegriffe. DM 8.40.
2. P. SWINGS. Problems of Astronomical Spectroscopy. DM 3.50.
3. H. KOPFERMANN. Über optisches Pumpen an Gasen. DM 5.80.
4. F. KASCH. Projektive Frobenius-Erweiterungen. DM 6.—.
5. J. PETZOLD. Theorie des Mößbauer-Effektes. DM 13.80.
6. O. RENNER. William Bateson und Carl Correns. DM 4.—.
7. W. RAUH. Weitere Untersuchungen an Didiereaceen. 1. Teil. DM 43.80.

Inhalt des Jahrgangs 1962/64:
1. E. RODENWALDT und H. LEHMANN. Die antiken Emissare von Cosa-Ansedonia, ein Beitrag zur Frage der Entwässerung der Maremmen in etruskischer Zeit. DM 6.90.
2. Symposium über Automation und Digitalisierung in der Astronomischen Meßtechnik. Herausgegeben von H. SIEDENTOPF. DM 32.80.
3. W. JEHNE. Die Struktur der symplektischen Gruppe über lokalen und dedekindschen Ringen. DM 15.40.
4. W. DOERR. Gangarten der Arteriosklerose. DM 11.40.
5. J. KUPRIANOFF. Probleme der Strahlenkonservierung von Lebensmitteln. DM 5.20.
6. P. ČOLAK-ANTIĆ. Dreidimensionale Instabilitätserscheinungen des laminarturbulenten Umschlages bei freier Konvektion längs einer vertikalen geheizten Platte. DM 14.40.

Inhalt des Jahrgangs 1965:
1. S. E. KUSS. Revision der europäischen Amphicyoninae (Canidae, Carnivora, Mam.) ausschließlich der voroberstampischen Formen. DM 38.80.
2. E. KAUKER. Globale Verbreitung des Milzbrandes um 1960. DM 7.20.
3. W. RAUH und H.-F. SCHÖLCH. Weitere Untersuchungen an Didieraceen. 2. Teil. DM 70.—.
4. W. FELSCHER. Adjungierte Funktoren und primitive Klassen. DM 18.—.

Inhalt des Jahrgangs 1966:
1. W. RAUH und I. JÄGER-ZÜRN. Zur Kenntnis der Hydrostachyaceae. 1. Teil. DM 30.60.
2. M. R. LEMBERG. Chemische Struktur und Reaktionsmechanismus der Cytochromoxydase (Atmungsferment). DM 4.80.

MIX
Papier aus verantwortungsvollen Quellen
Paper from responsible sources
FSC® C105338

If you have any concerns about our products,
you can contact us on
ProductSafety@springernature.com

In case Publisher is established outside the EU,
the EU authorized representative is:
**Springer Nature Customer Service Center GmbH
Europaplatz 3, 69115 Heidelberg, Germany**

Printed by Libri Plureos GmbH
in Hamburg, Germany